奇趣百科馆

地球家园

DIQIU JIAYUAN

九色麓 主编

二十一世纪出版社集团
21st Century Publishing Group

全国百佳出版社

目录

第一章
走进地球

　　如果有一天，你能飞上太空，就一定能发现，我们生活的地球是一颗蓝色的星球，散发着迷人的魅力。你知道地球是怎么形成，又存在了多少年吗？现在，就让我们一起走进这美丽的星球吧！

地球的 位置

你住在哪儿呀

"你住在哪儿呀？"

很多人都会这么问，而我们会说自己住在某个街道或是某个城市，还可能是某个省。不过，我们有一个更大的家庭——中国。如果把这个家庭再放大一点儿，那就是——我们住在地球上。

地球的位置

  地球是人类共同的家园，它是一颗由石头、金属和气体组成的巨大的、圆圆的行星，它和另外七颗行星围绕着太阳旋转，组成了太阳系，而太阳系又处于银河系之中。

  在太阳系中，离太阳最近的是水星，其次是金星，然后才是地球，其后依次是火星、木星、土星、天王星、海王星。

地球的运动

地球围绕着太阳转动叫"公转"，地球公转一周是365天多一点儿。在太空中，地球每小时能移动107200千米的距离。

地球绕着太阳旋转时，自身也在不停地旋转，这是自转，这就是白天和黑夜交替的原因。如果我们这里是白天，那么地球的另一面就是晚上。

赤道

地球是我们现在知道的唯一一个拥有生命的星球。

随着科技的发展，现在我们每个人都知道地球是一个球体。地球很圆吗？实际上，地球是一个不规则的球体，它的两极稍扁，赤道部位略微鼓起。

即便如此，能得出"地球是圆的"这样的结论也并不容易。

地球的
结构

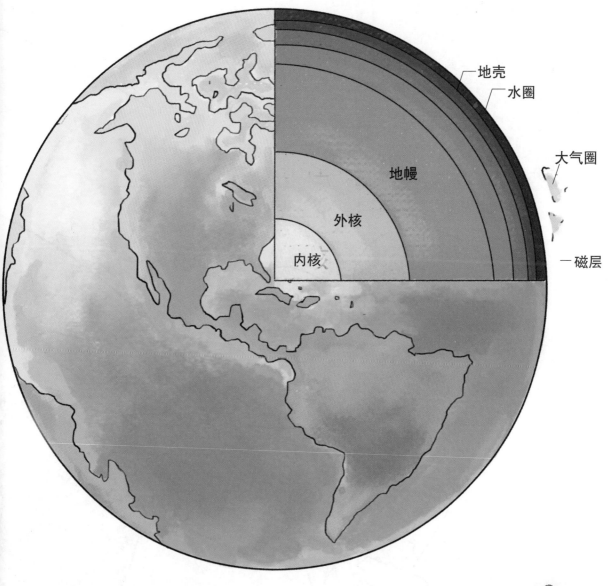

地壳

水圈

大气圈

地幔

外核

内核

磁层

地球家园

地核

地核是指地球的中心部分，它又可以分为外核和内核。外核，主要由熔化的铁和镍组成，呈液态。内核，就是地心，主要成分也是铁和镍，但因为地心强大的引力而形成固体，因此内核是一颗炽热的大铁球。

地壳

地壳是指地球固体地表构造的最外一层硬岩层，它的平均厚度大约为17千米。它的厚薄并不平均，例如海洋地区的地壳较薄，只有几千米，主要由玄武岩构成；大陆地壳较厚，主要由花岗岩构成。

10

地幔

地幔的厚度约为2900千米，这是地球内部体积最大、质量最大的一层，约占地球体积的80%。

麦哲伦航行

古希腊学者亚里士多德观察月食景象后认为，月球被地影遮住部分的边缘是圆弧型的，所以地球应该是球体或近似球体，但这个见解在当时很难被人接受。

直到公元1521年麦哲伦和他的伙伴们绕地球航行了一圈之后，人们才确定地球是球体。

地球的 **形成**

地球作为我们诞生、学习、劳动、生息的共同家园，和我们的关系太密切了。亲爱的小朋友，你知道地球是如何形成的吗？

恒星爆炸

气体、尘埃聚合在一起

气体、尘埃加速打转、收缩，形成地球雏形

适合生命生存的地球出现了

云层开始出现

地球的形成

地球是怎么形成的呢？相信很多小朋友都很好奇。大约在46亿年前，太阳系邻近的一颗恒星发生了爆炸，这次爆炸威力非常大，产生的震荡波使太阳星云中不断旋转的由气体和尘埃组成的部分云团加速打转、收缩、聚合在一起，于是形成了地球。

地球的历史

地球形成后的很长一段时间内，上面什么也没有。直到7亿5千万年前，原本荒芜的地球才出现了生命！

科学家根据岩石的历史推测，地球的年龄有46亿年了。

第一章
走进地球

地质学家和古生物学家合作，把地球不同时期的窗口一一打开。他们掌握了大量的化石、岩层信息，经过一百多年的努力，绘制出一套完整的地质时代表：

宙	代	纪	世	距今年数	生物的进化	
显生宙	新生代	第四纪	全新世	1万		人类时代 现代动物 现代植物
			更新世	200万		
		第三纪	上新世	600万		被子植物和兽类时代
			中新世	2200万		
			渐新世	3800万		
			始新世	5500万		
			古新世	6500万		
	中生代	白垩纪		1.37亿		裸子植物和爬行动物时代
		侏罗纪		1.95亿		
		三叠纪		2.30亿		
	古生代	二叠纪		2.85亿		蕨类和两栖类时代
		石炭纪		3.50亿		
		泥盆纪		4.05亿		裸蕨植物 鱼类时代
		志留纪		4.40亿		
		奥陶纪		5.00亿		真核藻类和无脊椎动物时代
		寒武纪		6.00亿		
隐生宙	元古	震旦纪		13.0亿		细菌藻类时代
	太古			19.0亿		
				34.0亿		
				46.0亿	地球形成与化学进化期	
				＞50亿	太阳系行星系统形成期	

第二章

神奇的地球

对我们及所有生活在地球上的生物而言，地球是我们共同的家园。这个家园有着它独特的构造，比如七大洲四大洋，当然，除了这些还有很多很多神奇的自然景观，就让我们一起去见识一下吧！

移动的大陆板块

地球上的六大板块在不停移动，只是速度非常缓慢。据统计，北美洲和欧洲之间的距离每年会靠近 2 厘米。大陆板块的移动，会导致山脉、海沟的形成，也会导致火山和地震的爆发。

移动的 大陆

地球是一个整体，但地球表面的岩石圈并非像鸡蛋壳一样是一个整体，而是由亚欧板块、太平洋板块、美洲板块、非洲板块、印度洋板块和南极洲板块组合而成。

火山喷发

当两个板块互相分离时，裂谷就会涌出熔岩。这种情况常常发生在海底，所以熔岩通常只会安静地喷出，但如果裂谷出现在陆地上，就会形成火山。

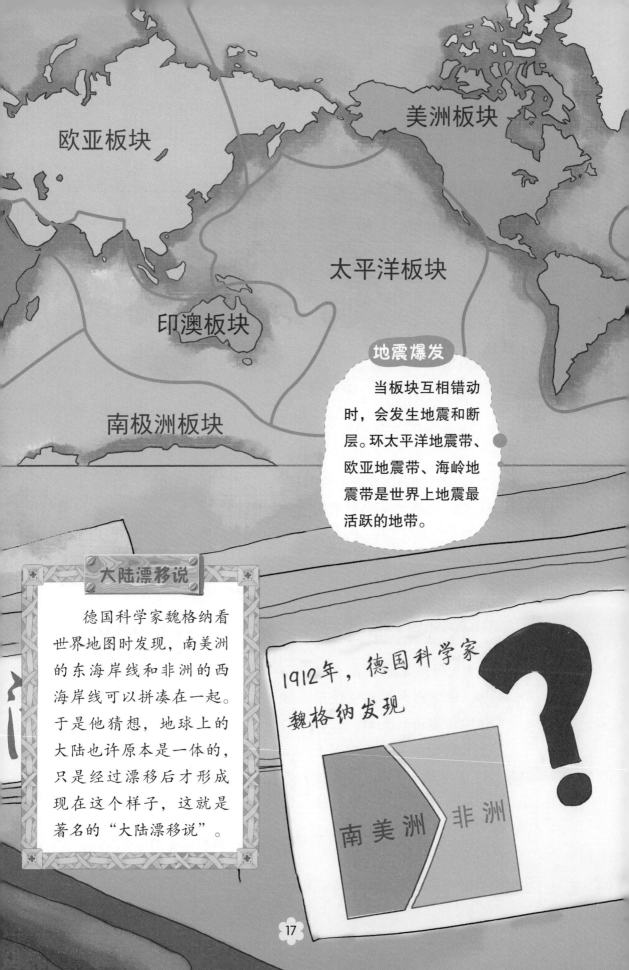

欧亚板块

美洲板块

太平洋板块

印澳板块

南极洲板块

地震爆发

当板块互相错动时，会发生地震和断层。环太平洋地震带、欧亚地震带、海岭地震带是世界上地震最活跃的地带。

大陆漂移说

德国科学家魏格纳看世界地图时发现，南美洲的东海岸线和非洲的西海岸线可以拼凑在一起。于是他猜想，地球上的大陆也许原本是一体的，只是经过漂移后才形成现在这个样子，这就是著名的"大陆漂移说"。

1912年，德国科学家魏格纳发现

南美洲　非洲

？

从太空往地球看，地球一片蔚蓝，那是因为它的表面大部分被水覆盖着。现在我们就要去探索那些水域，你们准备好了吗？

蔚蓝的
海洋

海洋的形成

许多科学家说，几十亿年前，地球内部的热量使很多化学物质涌到表面，带出大量水蒸气和二氧化碳，上升到空中形成降雨。经过千万年的时间，这些降雨填满了地球上的低洼地区。于是，原始的海洋形成了！

大陆也像岛屿

大部分地球表面被海洋覆盖着，海洋的面积占了地球面积的71%。转动地球仪，你可以看到太平洋、大西洋、印度洋和北冰洋这四大海洋，还有南极周围的南冰洋。

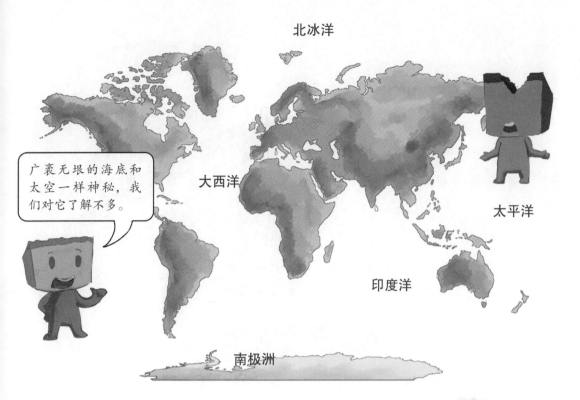

北冰洋

大西洋

太平洋

印度洋

南极洲

广袤无垠的海底和太空一样神秘，我们对它了解不多。

海洋有多深

海洋的平均深度是 3795 米。和陆地一样，海底也有各种地貌，有些地方会耸立着高山和台地，有些地方则会出现很深的裂缝——海沟。

第二章

神奇的地球

地球家园

神奇的海底世界

如果有机会潜入海底，你会发现一个丰富多彩的世界，那里有山川、平地、峡谷，甚至还有"河流"。

探索海底的历程

随着科技的发展，人们直到现代才对海底世界有了较为清晰的认识。20世纪60年代末，四大洋的立体地貌图才相继问世。根据深浅的不同，海底可以分为三个地形单元：大洋边缘、大洋盆地和大洋中脊。

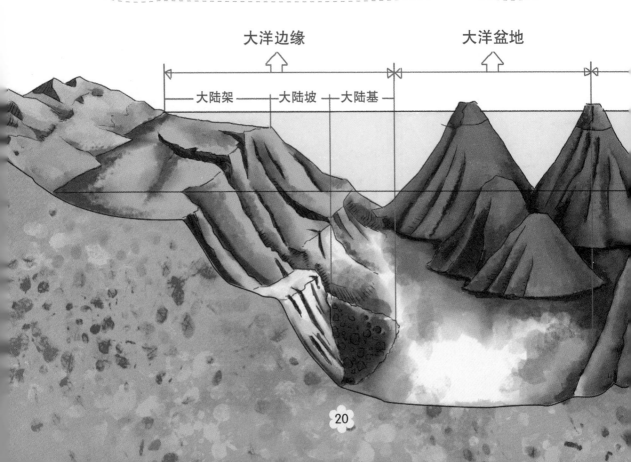

大洋边缘　　　大洋盆地

大陆架　　大陆坡　大陆基

海底世界的组成

　　在海洋与大陆连接的地方，是一面和缓的山坡，这就是大洋边缘。大洋边缘由大陆架、大陆坡、大陆基构成。大陆架是海岸向大海延伸的浅海地带，是养鱼、捕鱼的好地方。

　　大洋盆地里的地形更加复杂，其中有深海平原、海岭、海峰等。

　　大洋中脊是海洋深处的巨大山脉，山脉上山峰高耸，且有断裂谷夹杂其中，有时还会出现几百千米长的大断裂谷垂直或斜交地切过大洋中脊，让大洋中脊看上去更加崎岖复杂。

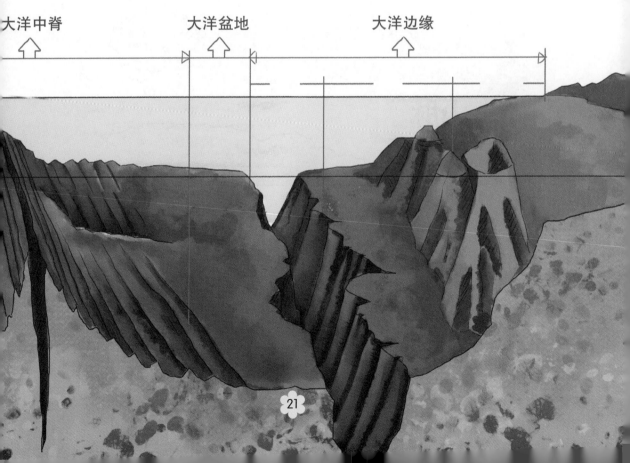

大洋中脊　　　　　　大洋盆地　　　　　　大洋边缘

欧洲地形以平原为主，地势较低平。

亚洲是全球地势最高，地形最复杂的大洲。

非洲大陆地形以高原为主，被称为"高原大陆"。

南北美洲和大洋洲的地形，大体上可以分为西部、中部、东部三大地形区。

南极洲地面多被冰雪覆盖，平均海拔很高，是世界上平均海拔最高的大洲。

欧洲

亚洲

非洲

南极洲

雄伟的 山脉

山脉的形成

　　山脉是因为地球内、外部力量共同作用而形成的。地球内部力量主要指地壳的板块活动，板块相遇时，两大板块之间的部分会向上拱起，形成山脉；地球外部力量主要指流水、风力等，它们对地壳表层起到一些作用。

洲

南美洲

世界著名的山脉

　　在地球上，有许多雄伟的山脉。比如，最长的山脉是南美洲的安第斯山脉，它全长 8900 多千米；最高的山脉是喜马拉雅山脉，其中有 110 多座山峰超过 7300 米；此外，欧洲最雄伟的山脉是阿尔卑斯山脉，北美洲最大的山脉是落基山脉，大洋洲最著名的山脉是大分水岭山脉，等等。

辽阔的 平原

在外面旅行的时候，你有没有遇到过这样的情况，头顶的天空看起来比周围的大地要宽广得多？如果有，那么你可能来到了平原。

平原的优势

平原的地面非常平坦，可以看到很远的地方。许多人居住在平原上，因为平原的土壤非常适合耕作，而且在平原上建造房屋和修建道路也比在山地上容易很多。

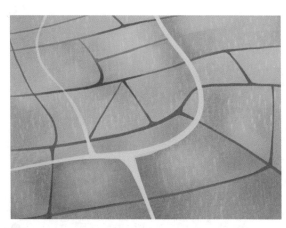

沿海平原

　　有的平原在沿海，有的平原在内陆。沿海平原是沿着海岸延伸的低地，它们通常从海平面往上延伸，直到与更高的陆地比如山脉相连。

著名的平原

　　世界上最著名的平原有亚马孙平原、东欧平原、北美平原、恒河平原、西西伯利亚平原。

　　我国最大的平原是东北平原，此外还有长江中下游平原、华北平原、关中平原等。

第二章
神奇的地球

酷热少雨、风沙肆虐的气候，加上浩瀚无垠、人迹罕至的沙丘地貌，这就是沙漠。尽管沙漠环境恶劣，但依然吸引着无数人去探险。

干燥的
沙漠

沙漠的特点

地球上大约有五分之一的陆地是沙漠。沙漠很少下雨，到处都是沙子、石砾，植被非常稀少。

很少下雨是沙漠最大的特点之一，有的沙漠偶尔会下一点儿雨，有的沙漠隔几年才会下一点儿雨，很多时候，雨滴还没到达地面就被蒸发了！

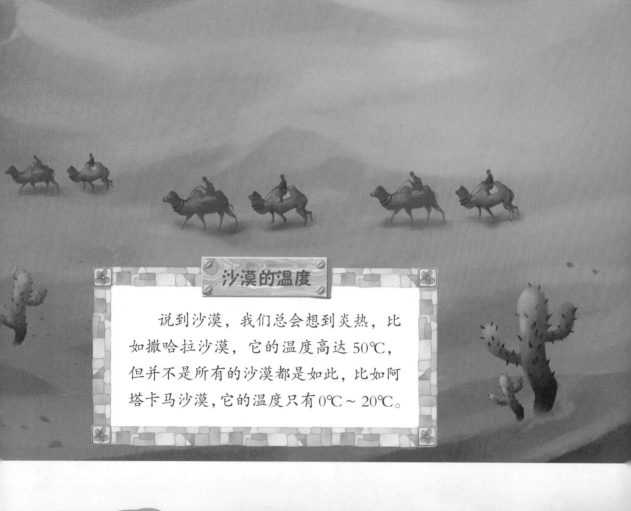

沙漠的温度

说到沙漠，我们总会想到炎热，比如撒哈拉沙漠，它的温度高达50℃，但并不是所有的沙漠都是如此，比如阿塔卡马沙漠，它的温度只有0℃~20℃。

沙丘

沙丘是沙漠中最常见的景观，虽然它们没有长脚，但它们会移动，形状也会不停地变化——这都是风的功劳。

27

寒冷的 **极地**

从太空望向地球时，我们可以看到地球的两个顶点是白色的，这是为什么呢？因为地球的两极覆盖着厚厚的冰雪，所以看上去是白色的。

极地的昼夜变化

极地最大的特征就是昼夜长短随四季的变化而改变：冬天时在极地几乎看不到太阳，这就是极夜；夏天时，太阳始终在地平线上，这就是极昼。

南北极的地形完全不同。南极是一块广大的陆地，而北极是一片汪洋，称为"北极海"。

南极的环境

　　南极被人们称为"第七大陆"，它是地球上最后一个被发现、唯一没有人类居住的大陆。整个南极大陆被一个巨大的冰盖覆盖着，它的平均海拔为 2350 米。南极气候恶劣，零下 80℃是家常便饭，一年中的最高温度依然在零摄氏度以下。更可怕的是，12 级的暴风经常呼啸而过。

　　虽然南极气候条件恶劣，但依然有动物喜欢居住在这里，比如可爱的企鹅和海豹。

小朋友们，你们泡过温泉吗？是不是觉得它很神奇？温泉像是大自然施展的一个魔法，天生就很温暖。如果冬天能在温泉里泡上一会儿，那是相当惬意！

天然的 **澡堂**

温泉的形成

　　温泉是从地下自然涌出的泉水，一般与岩浆活动紧密相连，高温的岩浆把岩石烤得又热又烫，当地下水流过这些滚烫的岩石后就像是经过加热一样，所以涌出来的泉水自然就是暖和的啦。

温泉的分类

按照泉水的出水速度，人们将温泉分为喷泉、沸泉、间歇泉等几类。其中最有名的是间歇泉。间歇泉喷一阵子歇一阵子，很有节奏。世界上最著名的间歇泉是美国黄石公园里的"老忠实"泉，"老忠实"泉每隔约90分钟喷一次，就像它的名字一样遵守规律。

温泉形成的条件

形成温泉需要具备三个条件：地底有热源存在、岩层中有缝隙让水涌出来、底层中有储存热水的空间。

温泉的妙用

温泉含有很多对人体健康有益的微量元素，所以自古以来它就被人类广为利用，泡澡是最常见的利用方式，至于煮蛋、火锅、汤圆等就需要你去尝试啦！

海底旅行社：珊瑚礁

珊瑚礁的形成

珊瑚礁看起来像树枝，但它并不是植物，而是由珊瑚虫形成的。珊瑚虫在生长过程中，会分泌出石灰质，它们死后，新的珊瑚虫会继续在上面生长，世代交替，石灰质不断积累、石化，于是形成了珊瑚礁。

在热带和亚热带的浅海地区，我们经常可以看见美丽的珊瑚礁。珊瑚礁不仅好看，而且还为许多海洋生物提供栖息场所。有人说它是海底的旅社，软体动物、海绵、棘皮动物和甲壳动物就是它的长居客。

第二章

神奇的地球

美丽的珊瑚礁

　　一般来说，珊瑚礁长到水面就不会再继续生长了，因为很多珊瑚虫不能在水面上生存。珊瑚虫对生存环境有些挑剔，要有合适的温度、深度、水体质量、光照等。正因为如此，珊瑚礁才会美丽动人，从而吸引众多的客人前来居住，比如色彩鲜艳的鹦鹉鱼、琪蝶鱼、蝴蝶鱼、石斑鱼、石鲈、隆头鱼等等。

澳大利亚东北沿海的大堡礁，
是世界上最大的珊瑚礁，绵延
2000 多千米，蔚为壮观！

天然调温器：洋流运动

洋流和寒流

如果洋流的水温比到达海域的水温高，称为"暖流"；如果洋流的水温比到达海域的水温低，称为"寒流"。暖流增加温度和湿度，寒流降低温度和湿度。如果没有洋流，低纬度热带地区的海水温度会相当高，相反，高纬度地区会变得奇冷无比。

海水的运动除了波浪和潮汐，还有一种非常特殊的形式，那就是"洋流"，大洋表层海水像河流一样沿着一定的方向大规模地流动，一整年都不会发生改变。

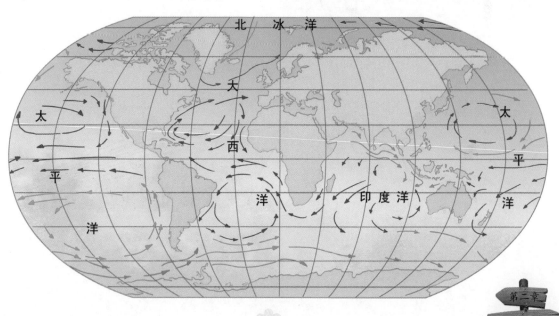

引起洋流的因素

　　洋流又称"海流"，引起海流运动的因素可能是风，也可能是地球自转。此外，海水密度、海底地形、海岸轮廓等因素对洋流也有影响。

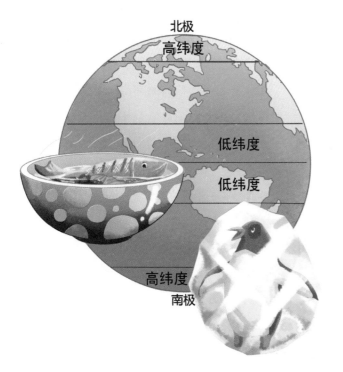

北极
高纬度
低纬度
低纬度
高纬度
南极

天然渔场

　　洋流会携带大量的浮游生物，这可是鱼儿们的最爱，所以在寒暖流交汇的地方，会形成天然的渔场。另外，海轮顺着洋流航行，还能节约燃料呢。

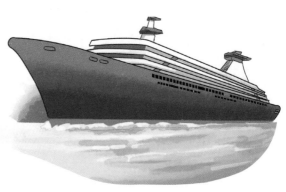

神奇的 景观

大自然犹如一位神奇的魔法师，为我们描绘了一幅幅绚丽多姿的奇异画卷。现在，就让我们迈动轻盈的脚步，一起去探寻大自然的无穷魅力吧！

神秘的海市蜃楼

在平静的海面、湖面、雪原、沙漠、戈壁等地方，偶尔会在空中或地上出现高大楼台、城郭、树木等幻景，我们将这种神奇的现象称之为"海市蜃楼"。

地球家园

光欺骗了你

现代科学证实蜃景是地球上物体反射的光经大气折射而形成的虚像，所谓"蜃景"就是光学幻景。它与地理位置、地球物理条件以及那些地方在特定时间的气象特点有密切联系。

关于蜃景的传说

在西方神话中，蜃景被描绘成魔鬼的化身，是死亡和不幸的征兆；我国古代则把蜃景看成是仙境，秦始皇、汉武帝曾率人前往蓬莱寻访仙境，寻求灵丹妙药。

大气密度小

气温高

大气密度大

气温低

梦幻般的云海

有时候，我们站在高山上向远处眺望，就会看到漫无边际的云雾缠绕在山腰上，这种云雾就是云海。在气候湿润，空气中水汽较多或植被覆盖良好，而山势较高、风力较弱的条件下，水汽都比较容易凝结成云，云海由此形成。

晶莹剔透的雾凇

雾凇出现在寒冷的冬季，它既不是冰，也不是雪，而是气温在0℃以下，那些还没有结冰的雾滴不断积聚在树枝上的结果。

39

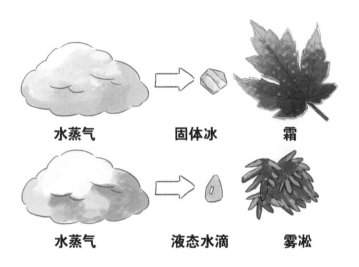

水蒸气　　　　固体冰　　　　霜

水蒸气　　　　液态水滴　　　雾凇

雾凇的最佳观赏时间

　　雾凇的最佳观赏时间是太阳出来之前，因为雾凇是在早上形成的。比如说早上5点左右起来，就可以看到松柳凝霜挂雪，随着太阳慢慢升起，还可以拍到红色的朝霞洒在白色的雾凇上的美景。

　　我国东北地区的吉林市的雾凇景观最为著名。

极光的产生

在地球南北两极附近地区的高空，当夜晚来临的时候，有时会出现一道美丽奇幻的光景——极光。

极光是太阳发出的高速带电粒子流在地球磁场的作用下折向南北两极附近，使高层大气分子或原子激发或电离而产生的。它们在南极称为"南极光"，在北极称为"北极光"。

北极光

北极

南极

南极光

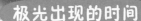

极光出现的时间

最容易出现极光的时期是春、秋来临之前，太阳黑子多的时候，极光出现的频率也很大。除了地球，极光也曾在木星、土星、金星和火星上出现过。

美丽的极光

极光就像是一颗偌大的夜明珠散发出来的光芒，映射在天空，五彩缤纷、灿烂美丽，有时像一条彩带，有时像一团火焰，有时又像一张五光十色的巨大银幕……在自然界中还没有哪种现象能与它媲美。

第三章

变化的地貌

　　世间万物都在不断变化：树木的年轮在增加，你、我在成长，就连大地也在时刻发生变化，高山被河流切出一道深谷，绿洲被沙丘掩埋，岩石被"风神"剥离成碎石……

地球上之所以存在各种各样的地貌，河流可谓功不可没。河流就像是一条传输带，带着大量的石块、砂砾滚滚而下，它们挖掘、磨蚀河床和两岸的岩层，从而切开高山和大地，使河谷变得更深、更宽。

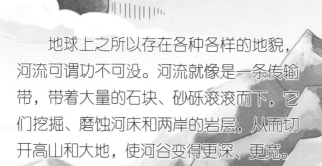

河流的 杰作

河流地貌

河流就像是一位艺术家，在平淡无奇的地表，雕刻出各种地貌：弯曲的河流会形成"曲流"，遇到陡崖时会形成瀑布，冲过高山时会形成峡谷，漫步于海洋边时会形成冲积平原。

一般而言，河流通过侵蚀、搬运、堆积三种作用对地貌产生影响。

44

峡谷的形成

河流依靠快速流动的水及携带物对河岸产生冲刷、破坏作用，这就是侵蚀作用。一般来说，峡谷是由河流长时间侵蚀而成。峡谷形成的过程极其漫长，比如长江三峡就是经历了200多万年，才有了现在的规模。

冲积平原

在河流的下游，水流没有上游急速，河水从上游携带的泥沙开始沉积，于是冲积平原便逐渐形成。著名的冲积平原有亚马孙平原，长江中下游平原等。

长江三峡

长江是我国最长的河流，它全长约 6300 千米。在它流经的地方，形成了众多的河流地貌，如峡谷、平原。其中，最著名的要数长江三峡了。

长江三峡自西向东依次为瞿塘峡、巫峡、西陵峡，全长 190 多千米。三峡沿途两岸奇峰陡立、峭壁对峙，山峰一般高出江面 1000 多米。

三峡的水电优势

三峡上下游水位落差巨大，有 100 米左右，而葛洲坝水电站正是利用了三峡巨大的水位落差而为人类造福。

科罗拉多大峡谷

　　举世闻名的科罗拉多大峡谷是大自然的杰作。科罗拉多河像一把利刃，把科罗拉多高原切开，一边向地底开挖，一边向两边扩宽，同时卷走河床上的沙土石砾，最终形成了著名的科罗拉多大峡谷。

地层三明治

　　科罗拉多大峡谷全长400多千米，位于美国亚利桑那州西北部的科罗拉多高原。科罗拉多大峡谷的两壁，看上去就像是一块特大号的三明治，每层都有不同的颜色，每一种颜色都代表着一种岩层，在这里，你可以看到12种不同颜色的主要岩层。

雅鲁藏布大峡谷

　　雅鲁藏布江由西向东，流经米林县，河道逐渐变为北东流向，并几经转折，切过喜马拉雅山东端的山地屏障，猛折成近南北向直泻印度恒河平原，形成几百公里长，围绕南迦巴瓦峰的深峻大拐弯峡谷，峡谷全长504.6千米，最深处6009米，平均深度2268米。这就是世界上最深的峡谷——雅鲁藏布大峡谷。雅鲁藏布大峡谷是世界山地垂直自然带最齐全、完整的地方。

大自然就像是一位优雅的雕刻师，它丝毫不着急，花费成千上万年的时间，利用海浪、生物、气候等手段对海岸进行雕刻，让形态万千的海岸展现在世人面前。

海洋的
力量

当海水遇见陆地

海水一靠近陆地，就对陆地进行侵蚀、搬运、堆积等作用，形成各种各样的海岸地形。其中，海水的搬运和堆积作用会形成海积地貌，海水的侵蚀作用会形成海蚀地貌。

海积地貌

　　海积地貌主要是靠波浪、潮汐和洋流的搬运和堆积作用而形成的。

　　常见的海积地貌有沙滩、沙洲等，而沙滩是其中最有名的。

海水浴场

　　如果沙滩地势平坦、宽阔，常常会被建为海水浴场。青岛、大连、秦皇岛等海滨城市都有很好的海水浴场。

海蚀拱桥

　　一段长长窄窄的陆地伸入海洋，陆地的顶端被海水侵蚀一空，只留下一个圆圆的孔洞，就好像是大象伸出鼻子在喝水一样。这就是海水侵蚀海岸所形成的海蚀拱桥。

海蚀地貌

　　海水不停地冲击海岸、侵蚀岩层，造成各种特别的地貌，这就是海蚀地貌。

　　常见的海蚀地貌有海蚀拱桥、海蚀崖、海蚀台、海蚀穴等。

风神的 雕琢

风看不见，也摸不着，但它是我们最熟悉的朋友。风对地表有很强的作用，它就像一位伟大的雕塑家，在时光的长河里，对地表精雕细琢。

风的地质作用

风能剥蚀破坏岩石，也能搬运、堆积砂石和尘土，是一种重要的地貌塑造力量。风的剥蚀作用是指风利用自身的力量和所携带的砂土对地表岩石进行破坏，如风蚀洞、雅丹地貌；风的搬运作用是指风把碎屑物质带到别的地方的过程；风的堆积作用是指风携带的物质堆积下来，如沙丘。

吹蚀和磨蚀

来无影去无踪的风专挑泥土、尘埃下手，它将沙尘席卷带走，使地面凹陷，这是风比较常见的破坏行为，这就是"吹蚀作用"。此外，风有时候还会挟带飞沙走石，像机关枪扫射一样，破坏陆地的表面，这叫做"磨蚀作用"。吹蚀和磨蚀是风最常用的重要的"雕琢"手段。

雅丹地貌

雅丹地貌是一种非常典型的风蚀地貌。在雅丹地貌中，很多土丘的外观如同古代的城堡，因此人们经常称之为"魔鬼城"。

冰川的
脚印

在寒冷的地方，冰雪不容易融化，越积越厚。这些冰雪受重力的影响，会往下滑，从而形成冰川。冰川会缓慢地移动，它移动之后，会在地表留下独特的地貌，这就是冰川地貌。

冰河槽

冰川经过的谷地，会被磨成U字形的"冰河槽"。冰河底部岩石再经磨蚀后，会形成又圆又滑的突起物叫做"羊背石"。

冰斗

在高山上，气温的变化使岩石碎裂崩解，这些崩落的岩石磨蚀出直耸的峭壁，碎裂的石块和雪冰一起向下挖掘磨蚀，于是造成像高背椅那样的半圆地形，中间凹陷，三面高耸，另一面比较低矮，这就是冰河的源头，称为"冰斗"。

粒雪盆

从天空降落的雪和从山坡上滑落下来的雪，容易在低洼的地方聚集起来。由于低洼的地形一般都是状如盆地，因此被称为"粒雪盆"。粒雪盆是冰川产生的摇篮。

冰碛（qì）

如果冰川地区的岩石有裂缝，那么有裂缝的岩石会因为裂缝中的水结冰膨胀和寒冻作用而碎裂，岩石碎裂后的碎石及其他碎屑物质就是冰碛，它们会随着冰川的移动而移动。

丰富的淡水资源

地球上陆地面积的十分之一为冰川所覆盖，而五分之四的淡水资源就储存于冰川之中。

奇妙的 石林

树木丛生的地方是森林，那么，石头丛生的地方是什么呢？是"石头森林"！"石头森林"生长在洞穴里，那里阴暗、潮湿，还有小河流淌，大量的石笋、钟乳石、石花、石幔组合在一起，犹如神话里的奇幻世界。

喀斯特地貌

"石头森林"的学名叫"喀斯特地貌"，它是大自然的又一鬼斧神工之作。

"桂林山水甲天下，阳朔山水甲桂林"这句俗语说的就是风光旖旎的喀斯特地貌。

喀斯特地貌的形成

　　"石头森林"的形成首先要有丰富的可溶性岩石，如石灰岩。可溶性岩石遇到含二氧化碳的流水溶蚀，加上沉积作用就会形成形态各异的石芽、石林、溶洞等。

　　在流水的长期溶蚀下，溶洞会越来越大，人们就可以漫步其中了。

陆地上的
红霞

远远望去，丹霞地貌就好像是陆地上升起的红霞，漂亮极了。它是红色砾岩经长期风化剥离和流水侵蚀等作用而形成的奇岩怪石的总称。

丹霞地貌的分布

丹霞地貌主要分布在中国、美国西部、中欧和澳大利亚等地。中国广东韶关的丹霞山尤为典型，是世界"丹霞地貌"命名的来源地。

广东丹霞山

我国 177 处国家级风景名胜区中，有 27 处丹霞地貌景区。广东丹霞山是最典型的丹霞地貌，它海拔 408 米，它的山崖远看似坠入凡间的红霞。近看，色彩斑斓的悬崖峭壁似经刀削斧砍直指蓝天，无数奇岩美洞隐藏于山中，景色相当奇丽。因此，有人说："桂林山水甲天下，不及广东一丹霞。"

中国是世界上黄土分布最广、厚度最大的国家，也是世界上研究黄土地貌最早的国家，其中以黄土高原为代表。

黄土地貌

　　黄土是在风力吹扬搬运下，在干旱半干旱环境堆积的风成堆积物。在这个日积月累的过程中，上下土粒的间距越来越小，左右土粒的间距变化不大，黄土的这种垂直变化促成了其直立性，所以可以开凿窑洞而不易崩塌。

黄土地貌的特征

典型的黄土地貌用八个字可以概括：沟谷众多，地面破碎。这是因为黄土容易被水冲刷。黄土的这种特性加上人为植被的破坏，使得黄土地区在多雨期容易发生水土流失，这也是黄河含沙量大的原因。

50 层

黄土的厚度

中国的黄土高原素有"千沟万壑"之称，这里的黄土面积占了中国黄土面积的绝大部分，最厚的地方有150米左右，与一栋50层楼的房屋高度差不多。

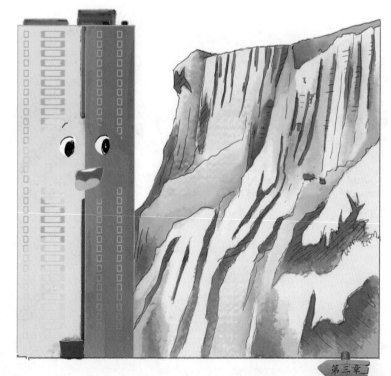

第三章

变化的地貌

岩石上的 **风光**

我们经常听人说："这东西真硬，比花岗岩还硬！"由此可见，花岗岩的坚硬程度。花岗岩还不易被水溶解，不易受酸碱的侵蚀，是用于建筑工程的好材料。

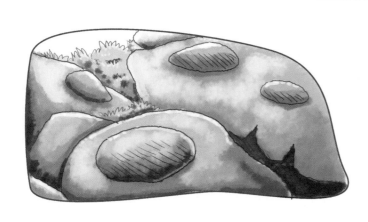

花岗岩地貌

　　花岗岩是岩浆在地表下冷却凝结形成的岩浆岩，主要成分是长石和石英。经过千万年岁月的洗礼，加上各种外力的作用，花岗岩形成了形态特殊的花岗岩地貌。

美丽的景观

　　花岗岩山丘大多具有山势挺拔、沟谷深邃、岩石裸露的特征，从而为我们创造了很多的石柱、陡崖、一线天、洞穴等风景名胜。

　　我国的花岗岩地貌大多分布在雨水充沛的东部地区，以海拔2500米以下的中低山和丘陵为主，其他一些山地也有分布。这些地方山高水高，有很多瀑布。

第三章

变化的地貌

泉水

"自古名山多聚泉"，泉也是花岗岩地貌区的重要旅游资源。花岗岩一般含有极少量的放射性元素，从中流经的泉水通常含有少量的对人体有益的放射性元素，这些泉水可饮可浴，不仅是重要的旅游资源，也是宝贵的水资源。

风化
不觉晓

你有办法让石头开裂吗？用锤子！但大自然有一种魔力，它可以不借助任何工具而使岩石破裂，甚至变成沙砾。这就是风化的作用。

风化作用

大气、水以及一些自然资源都是大自然魔力的"道具"。岩石在与它们接触的过程中会发生一系列的变化，原本硬邦邦的"身子"会出现细小的缝隙，然后缝隙进一步扩大，逐渐变成了沙土。这种变化的过程就是风化作用。

植物的根能穿入石头甚至将岩石撑破，死后还能形成腐植酸，分解岩石。

第三章
变化的地貌

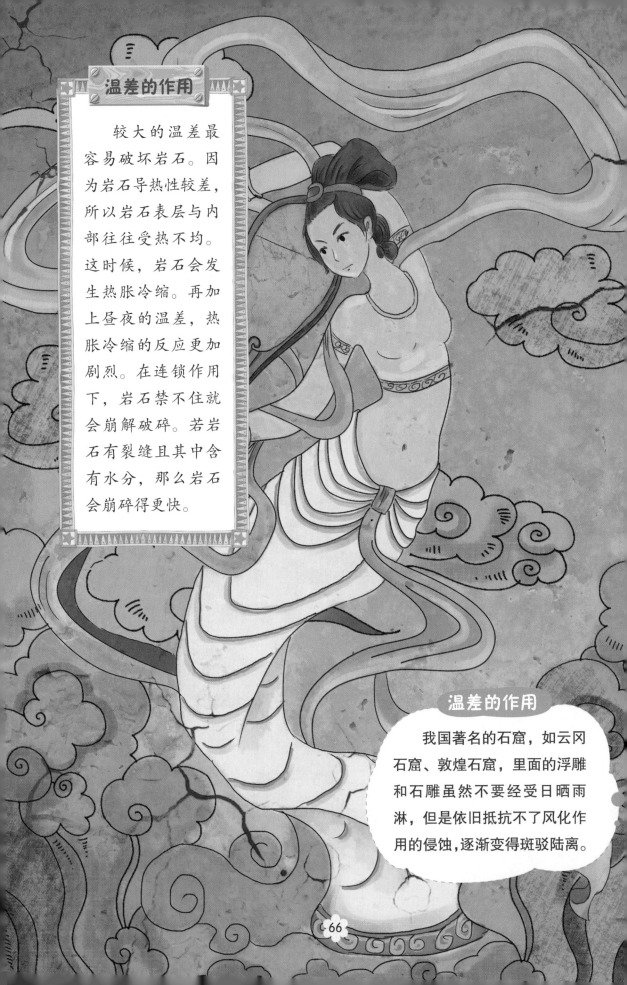

温差的作用

　　较大的温差最容易破坏岩石。因为岩石导热性较差，所以岩石表层与内部往往受热不均。这时候，岩石会发生热胀冷缩。再加上昼夜的温差，热胀冷缩的反应更加剧烈。在连锁作用下，岩石禁不住就会崩解破碎。若岩石有裂缝且其中含有水分，那么岩石会崩碎得更快。

温差的作用

　　我国著名的石窟，如云冈石窟、敦煌石窟，里面的浮雕和石雕虽然不要经受日晒雨淋，但是依旧抵抗不了风化作用的侵蚀，逐渐变得斑驳陆离。

第四章

地球的表情

　　如果说地形地貌是地球的"皮肤"，那么，风、雨、雷、电、彩虹则是地球的"表情"了。风和日丽，彩虹出现，那是地球高兴了；刮风、下雨、打雷、闪电，那是地球在发脾气了。现在，就让我们来见识一下吧！

天使的 **眼泪**

下雨是一种很常见的自然现象，也是一种很重要的自然现象。无论春夏秋冬，还是白天黑夜，雨都有可能降临到人间，滋润大地，孕育生灵。

雨的形成

地球上的水蒸发到空气中，水汽在高空遇冷凝结成小水滴，小水滴被上升气流托在空中不断游荡，直到它们相互碰撞变成大水滴。空气承载不了大水滴的重量，大水滴才会从空中落下，从而形成雨。

雨的危害

  雨水对生命的作用不言而喻，没有雨水，生命将无法延续。可如果持续暴雨，也会带来灾难，如山洪暴发、洪水泛滥等。

  现代工业排放的废气、粉尘会使雨变成酸雨，这不仅影响土壤和建筑物，还会影响人类和其他动植物的生命。

风，看不见，摸不着，但它却时刻存在我们的周围。风到底是什么呢？难道是大自然在对着我们吹气吗？当然不是的。

风的形成

空气一流动，就会产生风。而自然风的产生，主要是由于冷热空气的循环作用。在赤道地区，太阳直射地面，空气温度升高，体积变大，比重变轻，气压变低，就会上升；两极地区受热少，空气冷而重、体积也小，气压较高，空气下沉，沿着地球表面向赤道流去。两极和赤道的这种大气循环，是风产生的主要原因。

风的作用

由于冷热空气不断地循环，使得地球上的冷、热温度得以互相调节。这样一来，寒带地区和热带地区的生物才能生存下来。否则，热带地区就像热火山，寒带地区就像冰窟窿。

喜怒无常的风

风像某些人一样有着喜怒无常的"性格"。当它高兴时，便会为人们送去凉爽的清风；闷闷不乐时，它便会像个生气的孩子般躺在那里一动不动；愤怒时，它便会把树连根拔起，甚至摧毁人们的房子。

雷霆的
怒火

雷电是一种常见的自然现象，是云层中电子碰撞的产物。遇到雷雨时，我们可要注意啦！如果在郊外，不能在大树底下躲雨，也不能站在电线杆下面。如果在家里，要把电源关掉。

避雷针

为了保护建筑物不被雷击，美国科学家富兰克林发明了避雷针，它能将空中的雷电拦截，将之释放到地上。其实，我国早在汉代就有了避雷针。那就是屋顶上的金属瓦饰，它既能装饰房子又能避雷。

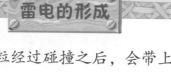

雷电的形成

　　云层中的各种微粒经过碰撞之后，会带上电荷，不同云体、云体内部、云体与地面的电势差达到一定程度后便会发生放电现象，即产生闪电。闪电横穿天空时，能很快使沿途的空气变热，变热的空气迅速膨胀，并猛烈地向四周冲击，引起巨大的声波，就会产生雷声。

闪电和打雷

　　闪电和打雷是同时发生的，但是因为光速比音速快，所以我们会先看见闪电后听见雷声。

在作文中，很多小朋友都喜欢把云彩比作大自然的微笑。确实如此，风雨之后，云彩满天，人们的心情自然高兴，所以云彩看上去就显得更加美丽了。

开心地
笑了

彩霞的成因

当阳光射入大气层后，遇到大气分子和悬浮在大气中的微粒，就会发生散射。波长较短的紫、青、蓝等光最容易被散射出来，而波长较长的红、橙、黄等光透射能力较强。因此，晴朗的天空总是蔚蓝的，而地面只剩下红、橙、黄光了，这些光线再经散射后，那里的天空就带上了绚丽的色彩，就形成了彩霞。

朝霞和晚霞

日出前后的彩霞叫"朝霞"，日落前后的彩霞叫"晚霞"。朝霞云体巨大，色彩暗淡，天空呈现出一种淡雅的玫瑰色；晚霞又名"火烧云"，色彩红艳，形状多变，云体较小。

看彩霞识天气

俗话说："朝霞不出门，晚霞行千里。"这是因为朝霞多是积云造成的，容易发展为积雨云；而晚霞多是淡积云造成的，淡积云不会造成降水，而且一般预示着未来几天将持续晴好，有利于出行。

大自然的 祝福

"瑞雪兆丰年"是一句广为流传的古老谚语，它的意思是适当的冬雪预示着来年的丰收。雪，是大自然的祝福。

雪花的形成

当气温在0℃以下时，空气中漂浮的小水滴就会规则地排列形成冰晶，这些小冰晶吸附空气里的水汽和其他小水滴，越变越大，最终从云端飘落到地面，这就是雪。

雪有很多种形状，如有针状、柱状、板状和树枝状等。

瑞雪兆丰年

人们把下雪看成是农作物丰收的预兆，这是因为积雪不仅能起到保温作用，让农作物安全过冬，而且消融时还会吸收热量，从而冻死害虫。此外，雪中丰富的氮化物也是农作物必不可少的养分。

雪的危害

在有积雪的山坡上，积雪向下滑动，会引起雪体崩塌，这就是雪崩。雪崩能摧毁森林，掩埋房舍、交通路线、通讯设施和车辆，甚至能堵截河流，致使河流临时性地涨水。

第四章
地球的表情

神秘的
面纱

早上，我们有时会发现整个世界都是白茫茫的一片，所有的事物若隐若现，让人觉得异常神秘，这就是雾导致的。小朋友，你知道雾是怎么形成的吗？

雾的形成

气温在 4℃时，1 立方米的空气能容纳 6.36 克水汽；气温在 20℃时，它能容纳 17.30 克水汽。当水汽超过空气的容纳量，多余的水汽就会凝结，与灰尘颗粒结合形成小水滴或冰晶，它们悬浮在靠近地面的空气里，就形成了雾。

雾与天气

雾与天气变化有着密切的关系。通过观察雾持续的时间，可以判断天气。如"黄梅有雾，摇船不问路"，这是说春夏之交的雾是雨的先兆，所以民间有"夏雾雨"的说法。"大雾不过晌，过晌听雨响。"这是说，到了下午，雾还没有散，第二天就可能是阴雨天了，

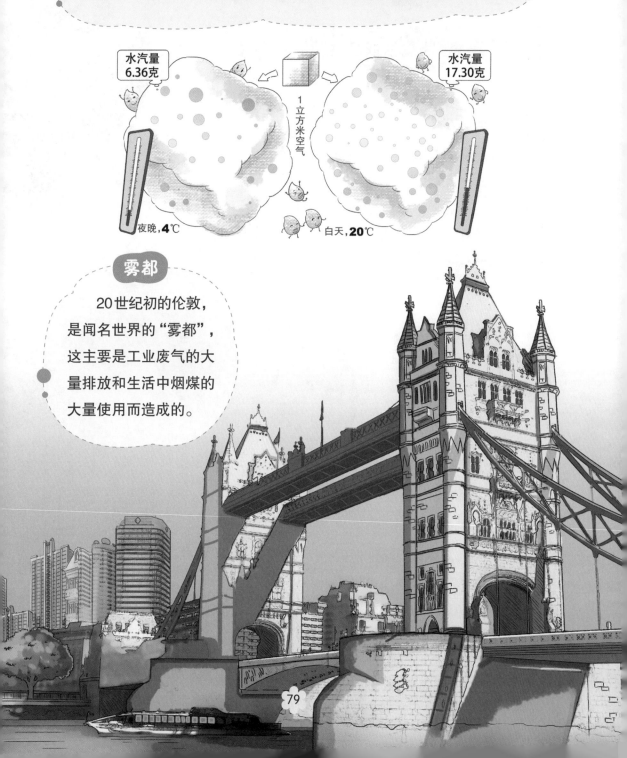

水汽量
6.36克

水汽量
17.30克

1立方米空气

夜晚，4℃

白天，20℃

雾都

20世纪初的伦敦，是闻名世界的"雾都"，这主要是工业废气的大量排放和生活中烟煤的大量使用而造成的。

天上的 冰球

春夏之际，你看到过从天上掉下来的"冰球"吗？这掉下来的"冰球"就是冰雹。冰雹多发生在夏季或春夏之交，寒冷的冬季反而不会出现。

冰雹的形成

冰雹的形成需要大量的水汽和强烈的上升气流，它经过滚雪球一样的反复凝结后具有较大的直径，直径越大，破坏力也就越大。冰雹对庄稼、建筑、车辆，甚至对人的生命都有威胁。

冰雹的危害

冰雹是严重的自然灾害之一，犹如致命的"子弹"给人们的生产生活造成极大的破坏。1896年，奥地利人用火炮阻止冰雹取得了成功；二战后，意大利人用火箭消除冰雹。火箭爆炸使冰雹变松，分散成小冰雹，从而减少危险。

奇迹的 **天桥**

大家都见过彩虹吧？有人说彩虹升起的地方埋着宝藏，还有人说彩虹是神仙的下凡之路，它还真是一座"奇迹之桥"。

彩虹的形成

彩虹是空气中的小水滴折射阳光而形成的。阳光看起来是白色的，但实际上它是由多种颜色组成的。阳光进入雨滴后，就会被分解成红、紫、蓝、绿、黄、橙等颜色的光。所以就形成了五彩缤纷的彩虹。

雨后彩虹

彩虹通常出现在雨后的晴天，但瀑布、海水浪花或者喷得很高的喷泉也能产生小型的彩虹。

第五章
地球的怒火

地球是我们的家园，是我们的"母亲"，它对我们一向慈爱有加。但是，"母亲"也有不高兴的时候，她也会发脾气。你看，火山爆发、地震灾害、台风来袭……这些不就是她在发脾气吗？

火山爆发，滚滚浓烟直冲云霄，把天空都笼罩了，岩浆冲出地面，所到之处，一片焦土，冷却后只留下了一片冰冷的岩石。

地球的 怒火

火山的爆发

地壳之下 100 千米～150 千米处，有一个"液态区"，里面翻滚着岩浆。岩浆像河流一样到处寻找出口，一旦找到地壳薄弱、松软的地方，它们就会冲出地表，形成火山。

火山带

地球是由六大板块组成的，板块的交界处相对来说要薄弱一些，所以地球上的火山大部分都集中在这里，尤其是环太平洋火山带的火山最多，有活火山 512 座。

火山的类型

火山有三种类型，分别是死火山、休眠火山和活火山。不过休眠火山可能"醒过来"，死火山也可能"复活"。

日本著名的富士山是一座火山，它自18世纪初爆发过一次后，就一直处于休眠状态，但地质学家仍然把它列为活火山。

火山带来的财富

火山爆发会形成包括金、银在内的多种矿产。如果它给距离较远的农田盖上一层火山灰，那农夫可就要偷着乐了，因为火山灰中富含养分，对庄稼可是非常有用的。

天池的诞生

  陆地上的火山爆发完之后，火山口常常会因岩浆冷却下陷而形成洼地。几场雨后，洼地积存雨水，于是形成了湖泊。我国的长白山天池就是这样形成的。天池是我国最深的湖泊，它的水面海拔高达 2194 米，所以被称为"天池"。

火山的危害

  火山爆发危害极大，喷发出的岩浆可以毁灭村庄、城市，火山灰也会对周围的环境造成破坏，火山喷发出来的有毒气体还会形成酸雨。

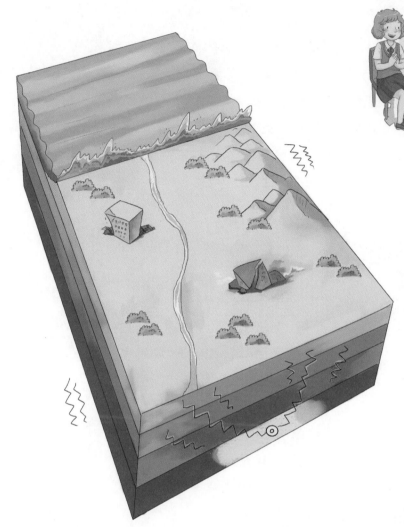

颤抖的 大地

地球发怒了，大地开始颤抖起来，地面裂开一条条口子，山峰、建筑轰然倒塌，人们惊慌失措，聚集在空旷的地方……地震来了。

地震的形成

因为地球内部总是在不停地运动，所以地球六大板块就会挤压、变形、断裂或错动。虽然这些变化很缓慢，但是一旦地下能量积蓄到一定程度，就会释放出来，引发地震或其他灾害。另外，地层断裂，地面下陷，火山爆发等都有可能引发地震。

第五章

地球的怒火

地震的危害

我国是一个震灾严重的国家,20世纪以来,我国因地震造成的死亡人数占全部因自然灾害死亡人数的50%以上。

预测地震

面对"凶残"的地震,我们也不用过于担心,因为地震的发生有一定的规律,是有迹可循的。比如,地震和刮风下雨一样,在发生之前会出现许多征兆。如果仔细观察,有效地把握规律,且躲避及时,就能减少地震造成的伤亡人数。

看井水

当井水水位突然上升、下降，或者冒泡、变浑、变味时，我们就应该留意是否要发生地震了。

观海啸

在海底或海滨地区发生地震时，海面上会掀起巨大的波浪，还会引发海啸。

查牲畜

当家畜不进窝、不吃食，老鼠跑光，鱼惊慌乱跳翻白肚时，我们就得留心是不是要发生地震了，因为动物对地震比人类要敏感得多。

第五章

地球的怒火

干旱和洪水

水是人们生活中必不可少的资源。可是在自然界，我们总是会遇到水带来的麻烦，洪涝和干旱就是两个极端的例子。

干旱

干旱之时，降雨很少，河流水位下降，甚至干涸，草场也会退化，农业生产会遭到极大的破坏。

为了获取水资源，人们不得不采集地下水来维持生活和工农业发展。采集地下水如果过量，又会导致地下水位下降，引起地面沉降等一系列问题。

我国易发生干旱的地区

我国气象干旱发生频繁。东北的西南部、黄淮地区、华南南部及云南、四川南部等地发生干旱的频率较高。

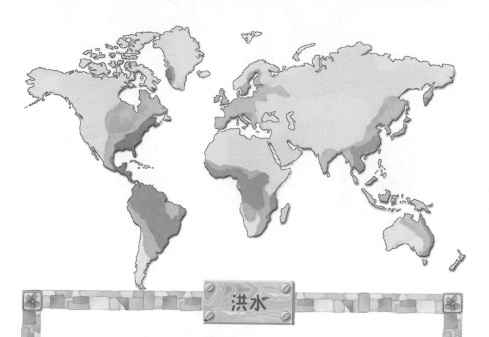

洪水

　　持续的降雨或暴雨会积滞在低洼地区，淹没房屋、道路，威胁人们的生命。

　　江河流域也容易出现洪涝灾害，我国长江中下游地区就是一个典型的例子。那里的水资源丰富，地势平坦，降水集中，雨量大，时常发生洪涝灾害。

大禹治水

　　早在神话传说中，就出现过劳动人民与洪水做斗争的光辉画卷——大禹治水。

第五章
地球的怒火

大海
发怒了

大海发怒了，猛烈的台风呼啸而过，带来倾盆大雨。台风卷起海水朝岸边扑来，形成巨大的海啸。这场景就好像是大海发怒了！

台风的诞生

夏天时，热带地区的海水蒸发成水汽而散布到空气中，形成温度高、湿度大的热带低气压，当这个低气压的中心风速超过每秒17.2米时，台风就诞生了。海面上蒸发的水汽，在高空遇冷凝结，组成稠密的乌云，跟着台风旋转，更加强了台风的威力。

"凶残"的海啸

海啸比台风可"凶残"多了。海啸就是由海底地震、火山爆发、海底滑坡或气象变化产生的破坏性海浪。发生海啸时,会伴随滔天巨浪和巨响,以每小时500到1000千米的速度扑向陆地,高达数十米的海浪更是让人胆战心惊。

海啸多发地区

夏威夷群岛、日本及周围区域、中国及其邻近区域、菲律宾群岛、印度尼西亚区域等都是世界海啸多发的地区。

超级
吸尘器

龙卷风也是一种极具破坏性的自然灾害，它像一个超级吸尘器，将地面上的人、畜、器物等卷至空中，带往他处。龙卷风发生频率最高的地方是美国中部地区。

龙卷风的形成

龙卷风是积雨云的产物，常常发生在夏季的雷雨天气里。龙卷风是由低气压形成的空气旋涡，当四周的空气快速涌向中心时，就会形成一股很强的拉力，卷走地面的物体。

奇特的龙卷风

　　龙卷风外貌奇特，它上部是一块乌黑的积雨云，下部是下垂着的漏斗状云柱，好像下垂的大象鼻子了。龙卷风在地面上的直径一般在几米到几百米之间，上部的直径可有几千米。龙卷风是由积雨云底伸展至地面的漏斗状云柱产生的强烈旋风，风力可达 12 级以上，一般伴有雷雨。

第五章
地球的怒火

小明在看报纸的时候，发现了一条令人震惊的消息，说我国东部沿海地区地层下陷得很厉害。地层下陷就是地层往下沉，越来越低，而沿海地区地层下陷就会使得大海吞没那些低地。真是太可怕了！

地面
越来越低

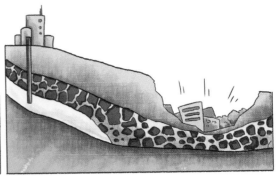

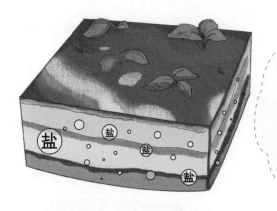

别过度抽取地下水

如果地下水被抽取得太多，存储地下水的地方就会变成中空状态，地面就会垮下去，造成严重的灾难。此外，过度开采地下矿藏也可能引发地层下陷。

地层下陷的危害

对于一些海滨城市来说，地层下陷的危害极大，会出现排水不良、海水倒灌、地下水盐度增加等情况，甚至城市都有可能被海水吞没！

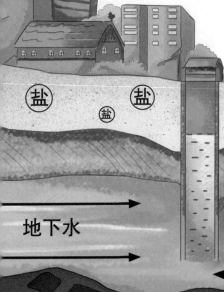

地下水

海 水

春天是一个美丽的季节，然而凶猛的沙尘暴会把这美景破坏掉。当大风来时，它会将地面的沙石、尘土卷起，让空气变得浑浊不堪。

黄沙黄沙
满天飞

沙尘暴的成因

强劲持久的大风是形成沙尘暴的动力，平坦的地形促成了沙尘暴的生成，松散、干燥的地表则是其沙源，人为破坏为沙尘暴的发展提供了很好的机会。

发生沙尘暴的时间

沙尘暴一般发生在冬春季节的干旱和半干旱、植被稀疏的平坦地区。在我国北方就经常发生沙尘暴。

2010年8月，中国甘肃南部的舟曲县连日遭遇强降雨，县城北部发生严重的泥石流，泥石流以猛烈的速度冲向县城，冲毁了房屋，阻断了河流，夺走了1500多人的生命。

大山的
突袭

易发生泥石流的地区

泥石流经常发生在山区，那里沟谷众多，地形险峻，土质松软且含有大量沙石。一旦遭遇强降雨，松软的沙石吸满了水，山体承受不住沙石的重力，沙石便哗啦啦地滚下山坡，对居住在山坡下的人们造成严重的危害。

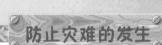

我国容易发生泥石流的峡谷有 1 万多条。泥石流发生的时间很有规律，主要是受连续降雨、暴雨，尤其是特大暴雨、集中降雨的激发，具有明显的季节性。

防止灾难的发生

滥伐森林、开山采矿等行为都可能造成泥石流。因此，爱护环境、合理开采矿产都能有效地减少泥石流的发生，而植树造林是防止泥石流发生的最好办法。

第六章

地球的宝藏

地球母亲为她的儿女们储备了丰富的宝藏，这些宝藏不仅点缀了地球，还维持了人类社会的发展。这些宝藏是什么呢？现在，就让我们去探寻一下吧！

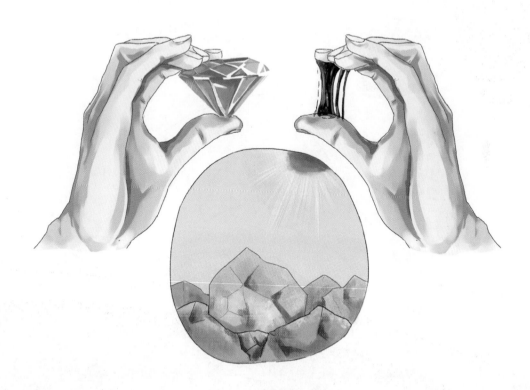

在我们赖以生存的家园——地球上，有数之不尽的宝贵财富。其中，矿物是大自然赐予我们的一种重要财富。

大自然的
天然财富

什么是矿物

矿物指由地质作用所形成的天然单质或化合物，通常具有固定的化学成分和晶体结构，是构成岩石和矿石的基本单元。

金属矿物

金属矿物是指具有明显金属性的矿物，它常呈现出金属或半金属光泽，比如铅。

非金属矿物

非金属矿物没有闪亮的色彩，大多是化学工业的原料，比如石墨。

造岩矿物

组成岩浆岩的矿物，一般统称为"造岩矿物"。整个地壳几乎都由它们构成。常见的造岩矿物包括正长石、斜长石、石英、角闪石、辉石、橄榄石、方解石。

如太阳般闪耀：
黄金

黄金是人类发现得最早的金属之一，早在两千多年前，我国就开始用黄金来交易。而如今，黄金作为饰品和投资对象更是随处可见。

珍贵的黄金

黄金是化学元素金的单质形式，它是一种软的、金黄色的、抗腐蚀的贵金属。黄金是较稀有、较珍贵和最被人类看重的金属之一。

金属之王

由于黄金稀少、特殊和珍贵，自古以来被视为五金之首，有"金属之王"的称号，人们把它用作金融储备、货币、首饰等。

黄铁矿的颜色和金子相似，常常令人误以为是金子，所以又被叫作"愚人金"。

真金不怕火炼

黄金作为一种贵金属，有良好的物理特性，"真金不怕火炼"就是指一般火焰不容易熔化黄金。黄金易被磨成粉状，因此它都是以分散的状态存于自然界中。

第六章
地球的宝藏

如月亮般明亮：银

早在 4000 多年前，人类对银就已经有了认识。由于银独有的优良特性，人们赋予它货币和装饰的双重价值，英镑和新中国成立前用的银元，就是以银为主的合金。

银的用途

银呈白色，光泽如月亮般柔和明亮，银制品是很多少数民族、佛教和伊斯兰教徒喜爱的装饰品。在我们的日常生活中，除了在首饰店，其他很多地方也能见到银，比如银光闪闪的热水瓶内胆、镜子等。

我国古代常把银与金、铜并列，称为"唯金三品"。

大清银币
圆 辛X统宣

银的历史

人类发现和使用银的历史非常悠久，我国考古学者从出土的春秋时代的青铜器当中就发现镶嵌在器具表面的"金银错"（一种用金、银丝镶嵌的技法）图案，从汉代古墓中出土的银器已经十分精美。

第六章
地球的宝藏

关于银的传说

你知道吗，银具有很强的杀菌能力。公元前三百多年，希腊皇帝亚历山大率军东征时，受热带痢疾的感染，很多士兵死亡。但是，皇帝和军官们却很少染疾。原来皇帝和军官们的餐具都是银制品，士兵的餐具都是锡制品。银在水中能分解出微量的银离子，能杀死微生物。在我国古代，法医就是用"银针验尸法"来测定死者是否中毒而死。

硬度之王：金刚石

说起金刚石，也许有人会觉得陌生。如果说钻石呢？金刚石俗称"金刚钻"，就是我们常说的钻石！它是一种由纯碳元素组成的矿石，是自然界中最坚硬的物质。

硬度之王

金刚石光泽灿烂，晶莹剔透，用途非常广泛，如精细研磨材料、高硬切割工具、各类钻头等，是一种具有超硬、耐磨等物理性能的宝石，素有"硬度之王"和"宝石之王"的美称。

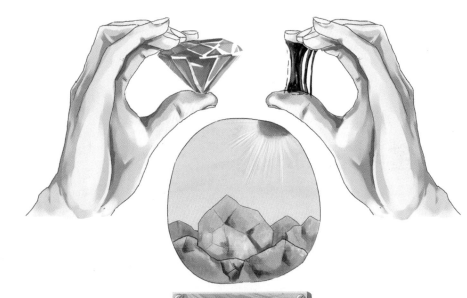

金刚石的用途

　　金刚石有各种颜色，质优粒大可用作装饰品的称为"宝石级金刚石"，质差粒细用于工业的称为"工业用金刚石"。宝石级金刚石，又称"钻石"，对光的折射率高，是女士最爱的宝石，一颗巨型美钻价值连城。

区分人工钻石

　　钻石对油脂、污垢等有一定的吸附性，所以我们用手指抚摸天然钻石时，会感觉手被钻石黏住；此外，若是将一滴墨水从天然钻石上滴落，会留下一条光滑连续的线条；如果是人工钻石的话，留下来的线条是由一个个的小圆点组成的。

柔软之石：
石墨

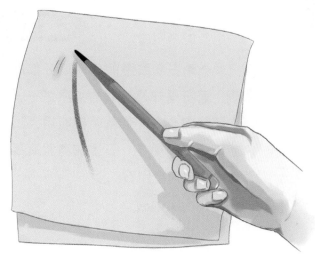

小朋友们用过铅笔吗？铅笔中间那条黑黑的能在白纸上留下印记的就是石墨。古人在写字画画之前都会磨墨，墨的成分里就有我们现在说的石墨。

石墨的用途

石墨是自然界最软的矿石之一，除了能制成铅笔之外，它还是很好的润滑剂。石墨制品还被广泛地应用在冶金、化工、航天、电子等方面。

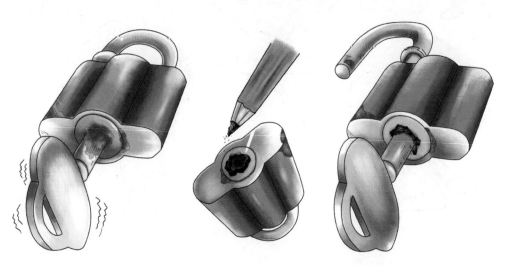

第六章
地球的宝藏

石墨与金刚石

　　金刚石和石墨的化学成分都是碳，但金刚石是目前最硬的物质，而石墨却是最软的物质之一。由于金刚石价格昂贵让大多数人望而却步，人们就希望能用人工合成的方法来获取金刚石，这就离不开石墨了。石墨在高温高压的条件下，加入一些催化剂就能变身成为金刚石。

五颜六色的晶体：石英

石英的形成

岩浆在活动过程中，由于温度、压力发生变化，分离出富含二氧化硅的热液。这些热液顺着岩石的层理、裂隙进入变质岩系中，形成石英岩矿体。

石英是半透明或不透明的晶体，无色透明的石英叫"水晶"；含有杂质时呈乳白色的叫"乳石英"，呈浅红色的叫"蔷薇石英"，呈黄褐色的叫"烟晶""茶晶"，呈黑色的叫"墨晶"。

石英的成分

石英的主要成分是二氧化硅。石英族中的低温石英（α-石英）是自然界分布最广的一种矿物，也是许多火成岩、沉积岩和变质岩的主要造岩矿物。

古代人认为嘴里含上冷的水晶能够止渴。

第六章
地球的宝藏

石英的用途

石英是地壳中数量第二多的矿石，仅次于长石，它的用途也相当广泛。石英熔融后制成的玻璃，可用于制作光学仪器、眼镜、玻璃管和其他产品；还可以做精密仪器的轴承、研磨材料、玻璃陶瓷等工业原料。

地球家园

远在石器时代，人们就用石英制作石斧、石箭猎取食物、对抗敌人。

典雅高贵之玉：
翡翠

在古代，翡翠是一种生活在南方的鸟，毛色十分美丽。雄鸟羽毛呈红色，名"翡鸟"；雌鸟羽毛呈绿色，名"翠鸟"。明朝时，缅甸玉传入中国后，人们就把它命名为"翡翠"。

翡翠的产地

出产翡翠的地方很少，缅甸是产量最高、品质最好的国家。清代以后，大量从缅甸进贡来的缅甸玉开始风靡皇宫——碗筷、盆盂、盒子等日用品，慈禧太后是翡翠的狂热爱好者。

翡翠的形成

翡翠如此受人喜爱，那它究竟是怎么形成的呢？民间对此有着多种传说，但至今为止还没有一个定论，唯一能确定的是，翡翠是蛇纹石化橄榄岩在形成后，经过挤压等变质作用，温度、压力都发生变化，岩浆又侵入了这些岩石之中，带来了新的化学物质，与原来的岩石发生了化学作用后形成的。

翡翠的产地

除了缅甸出产翡翠外，中国、危地马拉、日本、美国、哈萨克斯坦、墨西哥和哥伦比亚也有少量的翡翠出产。中国翡翠的产地主要是新疆和田。

我来自缅甸北部

第七章

地球的能源

现代社会，汽车需要汽油，烹煮食物需要天然气，照明需要电……这些都是能源，可以说，我们的衣食住行都离不开能源。地球是慷慨的，因为它给我们留下了很多很多的能源。但是，有些能源并不是取之不尽用之不竭的，所以，一定要节约能源!

地球家园

风能

太阳能

地热能

水能

核能

生物能

社会进步的
"推手"

我们做饭是用煤气、天然气，汽车的燃料是汽油，照明用的是电。这些都是生活中必不可少的能源，现代生活都离不开这些能源。能源推动了社会的进步，可以说，它是社会进步的"推手"！

能源

地球是一个资源丰富的宝库，我们可以不断地从它身上找到可利用的能源，为我们的生活提供便利。

我们将常用的能源分为常规能源和新能源，常规能源是指已经被人们大规模生产和广泛利用的能源。比如煤、石油、天然气、核能，它们都是深藏在地下，经过几千万年才演化而来的，都是不可再生的。

新能源

新能源是在新技术基础上加以开发利用的可再生资源，风能、太阳能、地热能、海洋能、生物能等都属于新能源。

工业的粮食：煤

在两三亿年前，地球上存在着大量的植物和动物。由于地球板块的运动，它们被埋入地下，在没有空气的条件下，受到高温和高压和一系列物理、化学变化而形成了黑色或黑褐色矿物，这就是煤和石油。

丰富的煤

煤是地球上蕴藏量最丰富、分布地域最广的化石燃料，它应用广泛、历史悠久，煤的综合利用对于合理利用煤炭资源，消除环境污染具有重大意义。中国是世界上最早利用煤的国家。

煤的作用大

看上去黑乎乎的煤有着非常重要的作用，很多地方冬天用它取暖，电厂将煤炭散发的热能转化成电能，在钢铁工业中，煤炭更是"基本粮食"。

我国的煤炭资源

我国煤炭资源储量丰富，其中华北地区的煤炭储量最多，占全国储量的一半；其次为西北地区，占全国储量的30%。

节约用煤

煤是不可再生资源，如果人类消耗太快，总有一天会把它们全部用光。所以，我们要从自己做起，科学用煤，节约能源！

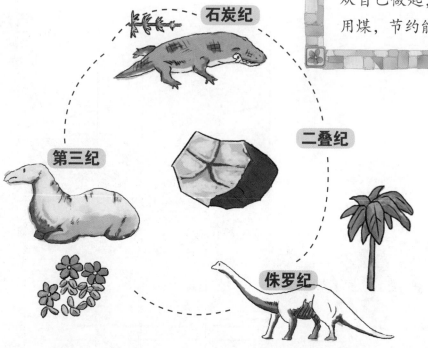

石炭纪

二叠纪

第三纪

侏罗纪

工业的血液：石油

海洋中的生物死亡之后，被泥沙埋起来，就这样一层又一层，生物的残骸慢慢凝固成岩石，岩石又因为地壳变动而沉到地底，受到高温、高压的作用，变成黏稠的液体，这就是石油。

请珍惜石油

　　石油和煤炭一样，也属于化石燃料，也是不可再生资源。现在人们已经认识到，经济的发展离不开能源，如果我们毫无节制地消耗它们，能源总会有枯竭的那一天。

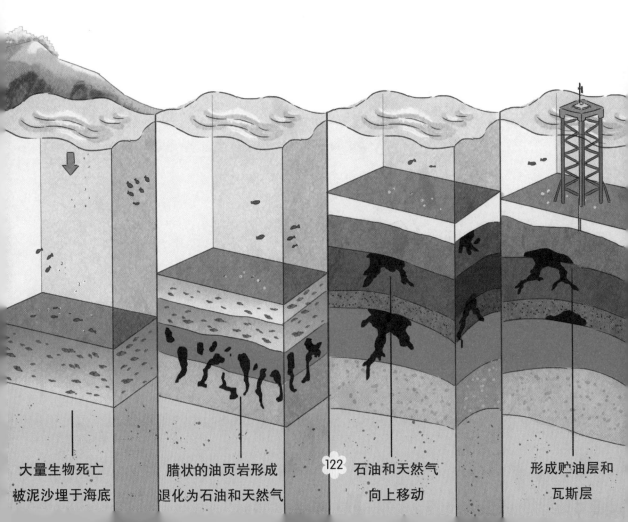

大量生物死亡
被泥沙埋于海底

腊状的油页岩形成
退化为石油和天然气

石油和天然气
向上移动

形成贮油层和
瓦斯层

石油的分布

世界石油分布极不平衡，从东西半球来看，约四分之三的石油集中于东半球；从南北半球来看，石油主要集中于北半球。其中，中东地区的波斯湾是最著名的石油产地，阿联酋、伊拉克、沙特阿拉伯等是著名的产油国。

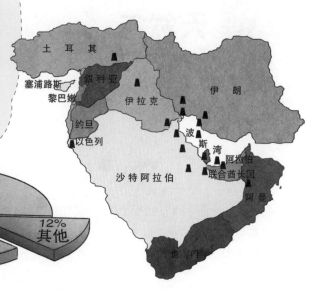

88% 用于燃料

12% 其他

飞机燃油　汽车燃油

杀虫剂

塑料

化肥

现代社会的血液

石油是现代社会的血液，汽车、飞机所用的燃油，化肥、塑料等化学工业品的原材料，铺设道路用的沥青……都是直接或间接从石油中获得的。

第七章
地球的能源

气体能源：天然气

孪生兄弟

天然气和石油是一对"孪生兄弟"，都是远古时代海洋里的生物遗骸形成的。由于受到不同温度和压力的作用，部分古生物的遗骸形成了石油，另外一部分则形成了天然气。

说到天然气，小朋友们肯定不会陌生，如今很多家庭都在使用天然气。

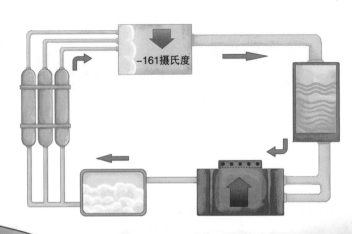

−161摄氏度

火山

油田

煤

天然气的成分

天然气的主要成分是甲烷，是一种无色、无味的气体。相比煤炭、石油来说，它更清洁、安全，所以如今被越来越广泛地利用。

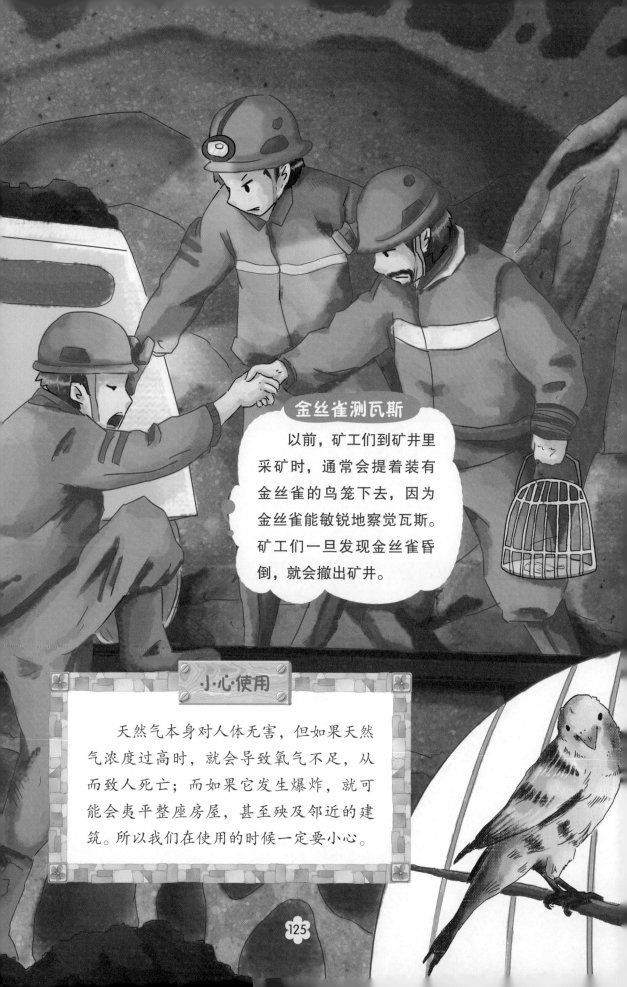

金丝雀测瓦斯

以前，矿工们到矿井里采矿时，通常会提着装有金丝雀的鸟笼下去，因为金丝雀能敏锐地察觉瓦斯。矿工们一旦发现金丝雀昏倒，就会撤出矿井。

小心使用

天然气本身对人体无害，但如果天然气浓度过高时，就会导致氧气不足，从而致人死亡；而如果它发生爆炸，就可能会夷平整座房屋，甚至殃及邻近的建筑。所以我们在使用的时候一定要小心。

铀，是一种极为稀有的具有危险性的放射性金属元素，它是矿石家族中的"玫瑰花"，色彩十分绚丽。铀矿有土状、粉末状，也有块状、钟乳状、肾状等等。有些土状的铀矿被称为"铀黑"，而块状的则称为"沥青铀矿"。

矿石中的玫瑰花：
铀矿

煤 = 铀

140万千克　　　　　0.5千克

理想的燃料

　　铀核裂变的主要物质，能产生巨大的能量，用铀矿做核燃料，正是利用了铀矿的这一特点。据估计，0.5千克的铀产生的能量等于140万千克的煤产生的能量。更让人惊叹的是，它还是一种非常理想的核能发电燃料。

能源

铀矿的储量

澳大利亚是全球铀矿储量最丰富的国家之一，也是世界主要的产铀国家。

可惜的是，中国并不是一个铀矿资源很丰富的国家。

战略资源

威力无比的核武器是以铀为原材料制作的，这样说，小朋友们是不是理解了铀的珍贵呢？

所以说铀是一种极其重要的战略资源，是保持国家核威慑力量和维系核大国地位的坚强保障。

第七章

地球的能源

能量之源：太阳能

地球上的一切生命都依靠太阳的光和热来生存，随着人类科技的发展，人们发现太阳光不仅可以用来晒衣服、晒咸鱼、制盐等，还能将它转化成一种能量广泛利用到生活当中。这样，不仅能节约能源，而且没有污染，还能让人们的生活更加便捷、安全。

太阳能的优势

作为一种新能源，太阳能有很多优势：它是一种洁净能源，不会对环境产生污染；它取之不尽用之不竭，储量巨大；它的使用成本低廉，等等。

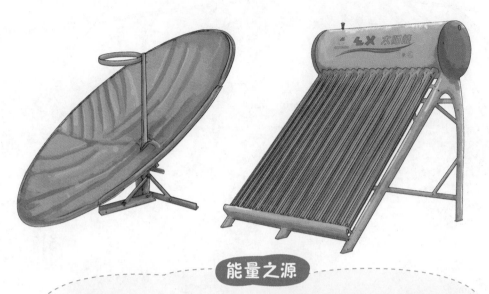

能量之源

地球上的风能、水能、海洋温差能、波浪能和生物质能都是来源于太阳；即使是地球上的化石燃料（如煤、石油、天然气等）从根本上说也是远古以来贮存下来的太阳能，可以说，太阳是地球的能量之源。

太阳能的利用方式

人类使用太阳能的常见方式有光电转换和光热转换两种。

光电转换是把太阳光直接转换成电能，如太阳能电池，它被主要用于人造卫星、无人气象站、铁路信号灯等。

光热转换是把太阳光直接转换成热能，如热水器、太阳灶和高温炉、海水淡化装置、热力发电装置等。

第七章
地球的能源

地热能的产生

地球内部是一个非常巨大的热量库，最高温度可达 7000℃，这些能量经过地下水的流动和岩浆活动，再被传递到地表，成为能被人类使用的地热能。所以，地热能是地球馈赠给人类的一种能源。

免费能源：地热能

地热能是来自地球内部的一种热能资源。热能又称"热量""能量"等，它是生命的能源。因为任何生物要维持生命，都需要消耗能量，就像内燃机需要用汽油、电动机需要用电一样。

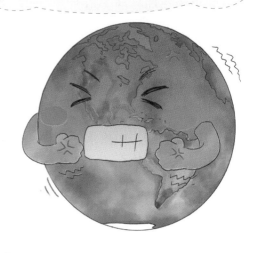

地热能集中分布在大陆板块的边缘，即火山和地震的多发地区。

地热能的利用

地热能的利用可分为"地热发电"和"直接利用"两大类，人类很早以前就开始利用地热能，例如利用温泉沐浴、医疗，利用地下热水取暖、建造农作物温室、水产养殖及烘干谷物等。

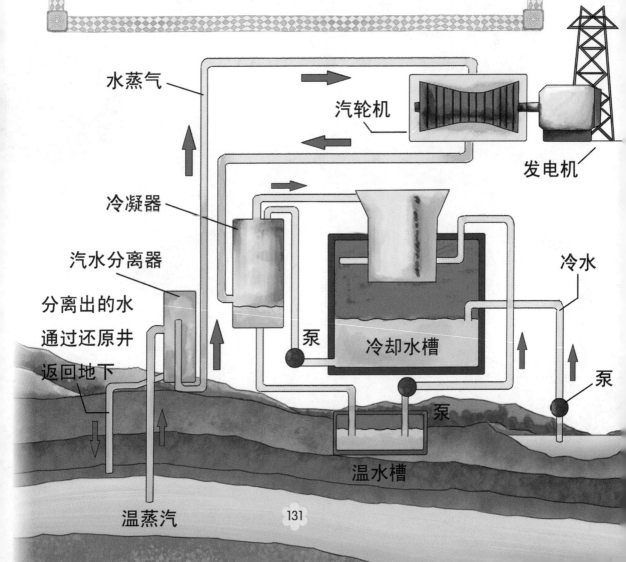

水蒸气

汽轮机

发电机

冷凝器

汽水分离器

分离出的水通过还原井返回地下

冷水

泵

冷却水槽

泵

泵

温水槽

温蒸汽

最常见的新能源：水能

河流、湖泊、沼泽、冰川等在地球表面的水被人们称为"地表水"，全球地表水储量为24254万亿立方米，只占全球总水量的1.75%，而且分布极不均匀。河流是最活跃的地表水，也是人类开发利用的主要对象。

水能

　　水能是一种洁净的新能源，它是在重力的作用下形成的。水能主要用于水力发电，是目前世界各国开发得比较多的新能源，也是我们最常见的新能源。

被太阳蒸发

变成水蒸气

形成降水

地表水

地下水会溢出来变成地表水，地表水也会渗入地层变为地下水

过度取用地下水会引起地下水位下降，从而引发地面沉降等问题

地下水

水是生命之源，所有的生命都离不开水。地球表面有水，地下也有水。地下水经过地层的过滤，清澈冰凉，甚至还会带有一股淡淡的甜味，是我们工业、农业都不可缺少的资源。

保护地下水

地下水在地下流动受大气降水影响较小，自净能力较低，一旦受到污染，需要很长的时间才能恢复。所以，保护地下水是我们义不容辞的责任。

聚宝盆：
海洋资源

从太空往地球望去，地球是一个蓝色的星球，因为它的四分之三都被海洋覆盖。这么宽广的海洋不仅是地球生命的源头，更是一个庞大的资源库。

FISH OIL SOFTGEL
深海鱼油

丰富的水资源

海洋是地球上最大的水库，地球上 97.2% 的水都在这里。随着科技的发展，人们充分利用海水改善了干旱的气候，还缓解了淡水不足的压力，给人们的生活带去了很大的便利，比如电力、化工等领域都离不开海水。

丰富的食物资源

美丽富饶的海洋中还有丰富的食物资源，比如我们随处可见的鱼、虾、海带等。可以说海洋是非常丰富的粮仓和食品基地。

能源丰富的大海

浩瀚的大海，不仅蕴藏着丰富的矿产资源，更有真正意义上取之不尽、用之不竭的海洋能源。我们最熟悉的就是潮汐能、波浪能、洋流能等。它们可都是"再生能"，永远不会枯竭，也不会造成污染。

洋流能

在海洋中，洋流遍布大洋，纵横交错，川流不息，是一种比较稳定的、持续性的海水运动，它们蕴藏的能量非常可观，可以用来发电。

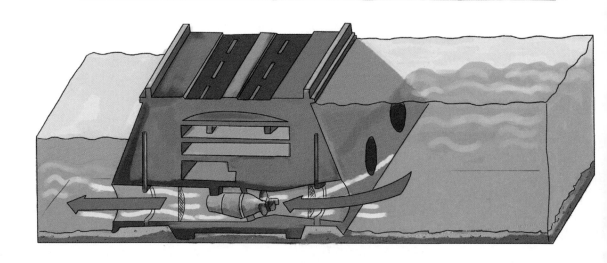

波浪能

一个巨浪扑向海岸边的悬崖，把十几吨重的巨石抛出 20 多米高——这就是波浪的力量。

据计算，在全球范围内，可开发的波浪能有几十亿千瓦！

我们端盆水行走，就可以看见小型的波浪。

波浪的形成

海水是由很多水分子聚集而成的，当外来的力量（比如风）发生作用时，水分子先是跟着外力作用的方向走。可是海水的表面张力和地心引力，又把水分子往下拉。于是，水分子就沿着固定的圆心，上上下下地兜着圈子——起伏的波浪就形成了。

潮汐能

地球面对月球和太阳的那一面，海水受引力吸引，上涨形成涨潮；背对着月球和太阳的一面引力相应减弱，就产生退潮。在潮水的一涨一落之间，就产生了巨大的能量——潮汐能。

潮汐能的利用

潮汐能是人类利用最早的海洋动力资源。唐朝时，中国沿海地区就出现了利用潮汐来推磨的小作坊。到了 20 世纪，人们开始利用海水上涨下落的潮差能来发电。世界上第一个也是最大的潮汐发电厂位于法国的英吉利海峡的朗斯河口，年供电量达 5.44 亿度。

第八章

地球之最

在地球这个美丽的家园里，有很多奇特的地方在吸引着我们——你知道世界上最高的山峰在哪儿？对，就是珠穆朗玛峰。不过，你知道地球上最低的地方在哪儿吗？不知道了吧！没关系，我们一起去那些地球上最奇特的地方看看吧。

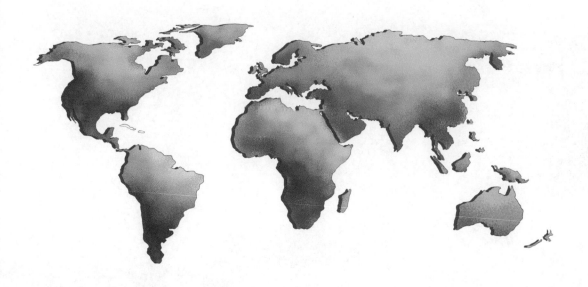

地球上 最热的地方

地球上最热的地方不是撒哈拉大沙漠，也不是美国加州的死亡谷，而是离赤道很近的利比亚埃尔阿兹兹亚。1992年，它的气温高达58℃，而死亡谷有记录以来的最高温度只有56.6℃。

共同的特点

地球上最热的地方虽然可能随着年份的变化而略有不同，但是总的环境及各种外界条件大同小异，比如干旱、多岩石和地表呈现深色，这更有利于热量的吸收，而质量较轻的沙粒往往会反射更多的阳光。

欧洲最冷的地方

在欧洲，最冷的地方自然是格陵兰岛，其中埃斯密特地区的极端最低气温达 –65℃。

地球上 最冷的地方

从全球来看，最冷的地方不在北半球，而在南极洲，在南极洲的东方站测到了地球上的最低温——–89℃。

亚洲最冷的地方

亚洲最冷的地方，既不在北极点，也不在北极圈内，而是在西伯利亚东部的奥伊米亚康，在 1885 年 2 月，它以 –67.7℃的记录获得北半球"冷极"的称号，1964 年 1 月又以 –71℃的低温打破了原有的纪录。

第八章
地球之最

地球上 最高的地方

地球上的高山险峰千座万座，但没有一座能超越珠穆朗玛峰，它是当之无愧的地球之巅，以超过海平面8844.43米的高度冠绝天下。

世界屋脊

珠穆朗玛峰是喜马拉雅山脉的一部分，喜马拉雅山是地球上最高的山脉，世界上最高的10座山峰里有9座都在这里。因此，喜马拉雅山被称为"世界的屋脊"。

因为地球板块在不断运动，珠穆朗玛峰每年都会再长高1厘米左右。

地球上最低的地方在太平洋底的马里亚纳海沟，它的最深处叫挑战者深渊。马里亚纳海沟是一条洋底弧形洼地，延伸 2550 公里，平均宽约 69 公里，大部分位于水面 8000 米以下，最深处有 11000 多米深。

地球上
最低的地方

令人惊奇的海沟

深海是一个高压、漆黑和冰冷的世界，通常的温度是 2℃到 3℃。但令人惊奇的是，马里亚纳海沟的海水能达到 300℃，而且那么深的海底竟然还生存着一些比较高级的海洋生物。

第八章

地球之最

智利的阿塔卡马沙漠是地球上最干燥的地方！而与一些炎热的沙漠不同的是，阿塔卡马沙漠要冷得多。这里的平均气温在0℃到20℃。

地球上最干燥的地方

世界的"干极"

阿塔卡马沙漠是世界的"干极"，年平均降水量小于0.1毫米，特别是1845～1936年的91年从未下雨。令人惊奇的是，这里生活着100多万人。没有水，他们就用一张张稠密的网幕，捕捉翻滚过山峰的浓雾，让浓雾在网表面凝聚成水滴，再用管道引来利用。

地球上 最大的沙漠

撒哈拉沙漠是世界最大的沙漠，它横贯非洲大陆北部，长5600千米，宽1600千米，总面积约906万平方千米，占据了世界沙漠总面积的三分之一，同时也占据了非洲总面积的四分之一。

撒哈拉沙漠

撒哈拉沙漠位于非洲北部，可分为几部分：西撒哈拉，中部高原山地，东部是最为荒凉的区域。

撒哈拉沙漠非常炎热、干燥，最高气温达45℃以上，降水量极小，有的地区常年艳阳高照，滴雨不见，风沙却一年四季都在盛行，沙暴频繁。撒哈拉沙漠是地球上最不适合生物生存的地方之一。

地球上已经发现的最深的溶洞是格鲁吉亚的库鲁伯亚拉溶洞，探险家们已经到达过它的底部，深度超过 2000 米。

奇特的溶洞

库鲁伯亚拉溶洞因水而成，当水渗透进大地的时候，会和土壤混合起来，产生化学物质，这种化学物质会侵蚀地下的岩石。这时，溶洞就形成了。

溶洞是世界上最难探索的地方之一，谁知道在未来又会发现什么样的溶洞呢？

地球上
最长的河流

世界第一长河——尼罗河位于非洲东北部，发源于非洲中部布隆迪高原，自南向北，流经布隆迪、乌干达、苏丹和埃及等国，最后注入地中海，全长 6671 千米。

灿烂的文明

尼罗河流域是世界文明发祥地之一，这里的人民创造了灿烂的文明，突出的代表就是古埃及文明。金字塔、古船和神秘莫测的木乃伊都标志着古埃及科学技术的高度，同时记载并发扬着数千年文明发展的历程。

亚马孙平原位于南美洲北部，面积达 560 万平方千米，是世界上面积最大的冲积平原。

地球上
最大的平原

河流带来的平原

亚马孙平原是亚马孙河的冲积平原。在很久很久以前，这里还是一大片被海水浸没的凹地。发源于安第斯山的亚马孙河从圭亚那高原、巴西高原带来的大量泥沙，这些泥沙开始沉积，日积月累，凹地被填平了，于是举世闻名的亚马孙平原出现了。

丰富的自然资源

  亚马孙平原是世界上最大的热带雨林区，这里蕴藏着世界五分之一的森林资源，这里植物茂盛，种类繁多。据估计，林海中大约积蓄着 8 亿立方米的木材，约占世界木材蓄积总量的五分之一。亚马孙平原的野生动物种类繁多，比如说猴子、树獭、蜂鸟等，陆地生活着美洲虎、细腰猫等。

第九章

保护地球

　　我们的地球家园有很多自然资源，人类依靠这些自然资源维持生命。但不论是我们人类，还是植物、动物等都是地球的一份子，为了能更好地生存下去，我们必须要保护我们共同的家园。

热闹的
地球

地球是一个大家庭，各色各样的动物、植物、微生物聚集在一起，共同生长、竞争，让地球时刻都是热闹非凡、充满活力。这些动植物彼此息息相关，缺一不可，形成了很多非常奇妙的链条——食物链。

食物链

青菜被虫子吃，虫子被鸟儿吃，鸟儿排出的粪便经细菌、真菌等分解后可以促进青菜生长。这一系列吃与被吃的关系彼此联系起来，形成一个链条，这就是食物链。是不是很奇妙？

图中我们能看到一条简单的食物链。

151

第九章
保护地球

二级消费者

三级消费者

四级消费者

一级消费者

生产者

食物链的构成

　　食物链由生产者、消费者和分解者三种组成。

　　生产者能把无机物转化为有机物；消费者只能通过消耗其他生物而生存；分解者主要是生态系统中的各种细菌和真菌，它们能够分解动植物尸体中的有机物。

　　消费者在食物链中占的比例最大，它们的级别也不同，比如在花、蝗虫、青蛙、蛇和老鹰等组成的食物链中：蝗虫是一级消费者，青蛙是二级消费者，蛇是三级消费者，老鹰是四级消费者。

受伤的地球

数百万年来，地球用慷慨的爱养育着一切生物，可是我们人类就像一个少不经事的小孩，不断地制造恶作剧，比如污染水资源、大气、土壤等，用掉不可再生资源，猎杀野生动物……这些行为都是伤害地球的表现。

地球是一个整体

我们生活的世界是一个复杂的整体，它由森林生态系统、草原生态系统和海洋生态系统等组成，每个系统看似独立，事实上各系统之间紧密相连。如果我们破坏了其中任何一个系统，其他系统就会跟着发生一系列连锁反应，对我们的生产和生活造成极大的危害。

地球家园

滥砍滥伐

　　许多人为了眼前私利，不断砍伐树木，将一片片茂密的森林变成荒漠，使得森林调节气候的作用减小，加剧全球变暖；使得空气质量下降，二氧化碳增多；土壤在雨水的冲刷之下也变得脆弱，最终流失，毁掉美丽的家园；越来越多的野生动物也会失去家园，遭受灭绝之灾……

水资源污染

　　水是生命的源泉，但是人类在生产、生活的过程中对水资源造成了很大的污染，其中以工业废水的污染最为严重，因为工业废水的污染物较多，成分复杂，也不容易净化。

　　水资源受到污染，不管是对人类还是对水生物都会造成很大的危害，所以我们一定要保护水资源。

珍惜资源

　　地球赋予了我们很多资源，有些资源可以重复使用，有些资源被用掉之后也可以补充，但有些资源是不可再生的，终有一天会被用完的，比如石油。

第九章

保护地球

地球家园

温室效应

　　大气能使太阳短波辐射到达地面，但地表受热后向外放出的热量能被大气吸收，这样就使地表与低层大气温作用类似于栽培农作物的温室，故名"温室效应"。

　　随着人口的增加、工业的发展，人类向大气中排入的二氧化碳等吸热性强的温室气体逐年增加，大气的温室效应也随之增强，这已引起了全球气候变暖等一系列极其严重的问题，也引起了全世界各国的关注。

臭氧层

废气

臭氧层被破坏

　　臭氧层能过滤太阳光中的紫外线，能保护地球上的生物。但是人类活动排出的废气（如"氟里昂"），会破坏臭氧层。

保护地球

如果我们不好好保护已经受伤的地球，长此以往，我们就无法在这个地球上继续生存下去。

如今，人类越来越意识到保护地球的重要性。保护地球从我做起，每个人都可以贡献一份力量。

保护水资源

清洁的水并不是无穷的，还有很多地方因为缺水而生存艰难。节约水资源从我做起：早上刷牙时用杯子接水，别让水龙头一直开着，洗衣服的水也可以冲厕所……

第九章
保护地球

植树造林

　　空气里充满了一种叫作"二氧化碳"的气体，开车、燃烧能源都会释放出这种气体，而这种气体会对我们的空气造成非常大的污染。树木可以帮助我们吸收掉这些气体，所以我们要多种树哦！

节约能源

　　电能、石油、天然气等能源是不可再生资源，用完了就没了。因此，我们一定要养成节约能源的好习惯，比如睡觉时要关灯，呼吁人们少开车多骑自行车等。

回收利用

我们平时会扔掉很多不用的东西，如废纸、旧衣服等，但是只要我们动下脑筋，动下手，这些废弃物就能很好地发挥"余热"。学会回收利用，不仅能减少垃圾，还能节约能源，真是一举多得啊！

一起行动

我们可以做很多事情来保护地球，如减少污染、节约自然资源、保护濒临灭绝的动植物……不要小看自己的力量，只要大家联合起来，就会爆发出巨大的能量！

图书在版编目（CIP）数据

地球家园 / 九色麓主编 . —— 南昌：二十一世纪出版社集团，2017.10
（奇趣百科馆；7）
ISBN 978-7-5568-2882-1

Ⅰ.①地… Ⅱ.①九… Ⅲ.①地球-少儿读物 Ⅳ.① P183-49

中国版本图书馆 CIP 数据核字 (2017) 第 170693 号

地球家园　　九色麓　主编

出 版 人	张秋林
编辑统筹	方　敏
责任编辑	刘长江
封面设计	李俏丹
出版发行	二十一世纪出版社（江西省南昌市子安路 75 号　330025）
	www.21cccc.com　cc21@163.net
印　　刷	江西宏达彩印有限公司
版　　次	2017 年 10 月第 1 版
印　　次	2017 年 10 月第 1 次印刷
开　　本	787mm×1092mm　1/16
印　　数	1-8,000 册
印　　张	10
字　　数	95 千字
书　　号	ISBN 978-7-5568-2882-1
定　　价	25.00 元

赣版权登字 —04-2017-684

（凡购本社图书，如有缺页、倒页、脱页，由发行公司负责退换。服务热线：0791-86512056）